Probleme
der
katalytischen Forschung.

Von

Dr. Gertrud Woker,
Privatdozentin für Geschichte der Chemie und Physik an der Universität Bern.

Antrittsvorlesung,
gehalten am 27. April 1907.

Leipzig
Verlag von Veit & Comp.
1907

Probleme
der
katalytischen Forschung.

Von

Dr. Gertrud Woker,
Privatdozentin für Geschichte der Chemie und Physik an der Universität Bern.

Antrittsvorlesung,
gehalten am 27. April 1907.

Leipzig
Verlag von Veit & Comp.
1907

Druck von Metzger & Wittig in Leipzig.

Berzelius, der tiefgründige, großzügige Denker, der überall die feinen Fäden zu finden wußte, durch welche die scheinbar heterogensten Erscheinungen miteinander verknüpft sind, hat im Jahre 1836 zuerst die Wesensverwandtschaft einer Anzahl, zum Teil äußerlich grundverschiedener Reaktionen erkannt. Von einem gemeinsamen Gesichtspunkt betrachtete er die oxydierende Wirkung, welche Platin in wäßriger Lösung und an der Luft auf Alkohol ausübt, die von Döbereiner entdeckte Fähigkeit des Platinschwamms, in die Luft ausströmendes Wasserstoffgas zu entzünden, ein Verhalten, das auch andern Körpern, besonders Edelmetallen, wenn auch in geringerem Maße, zukommt, die Zersetzung des Wasserstoffsuperoxyds durch Platin, Silber, Faserstoff usw., die alkoholische Gärung durch Fermentwirkung, die Zuckerbildung aus Stärke unter dem Einfluß von Säuren und von Diastase, die Ätherbildung aus Alkohol und Schwefelsäure und andre mehr.

Berzelius erkannte auch die große Bedeutung und die allgemeine Verbreitung derartiger katalytischer Prozesse in der Natur. So schreibt er: „Wir bekommen gegründeten Anlaß zu vermuten, daß in den lebenden Pflanzen und Tieren tausende von katalytischen Prozessen zwischen den Geweben und den Flüssigkeiten vor sich gehen und die Menge ungleichartiger chemischer Zusammensetzungen hervorbringen, von deren Bildung aus dem gemeinschaftlichen rohen Material, dem Pflanzensaft oder dem Blut, wir nie eine annehmbare Ursache einsehen konnten, die wir künftig vielleicht in der katalytischen Kraft des organischen Gewebes, woraus die Organe des lebenden Körpers bestehen, entdecken werden."

Zweifellos ist in Berzelius' Vorstellung von der katalytischen Kraft die Idee der Lebenskraft in veränderter, der neuen Zeit angepaßter Form erhalten; aber nichtsdestoweniger haben sich Berzelius' Vermutungen bis ins kleinste bestätigt. Die Lebensvorgänge sind ganz und gar katalytischer Natur, und die Behauptung, welche später Carl Ludwig in seinem „Lehrbuch der Physiologie" (1856) geäußert hat, daß die Physiologische Chemie nur ein Spezialfach der Lehre von den katalytischen Reaktionen sei, hat sich als keineswegs übertrieben erwiesen.

Ferner ist der Zusammenhang zwischen den Wirkungen der Fermente und den Wirkungen des Platin, den Berzelius' feiner Sinn herausgefühlt hatte, tatsächlich vorhanden. Die schönen Arbeiten von Bredig und seinen Mitarbeitern haben hier die allertiefgehendste Analogie zutage gefördert, so daß diese Gelehrten die kolloidalen Platin-, Gold- und Silberlösungen direkt als anorganische Fermente bezeichnen konnten.

Auch Berzelius' ursprüngliche Definition der katalytischen Prozesse als solcher Vorgänge, welche durch die Gegenwart eines dritten, an der Reaktion nicht beteiligten Körpers hervorgerufen werden, ist in ganz ähnlicher Form gewahrt worden.

Ostwald hat nur das „hervorgerufen" durch „beschleunigt" ersetzt, indem er annimmt, daß die Reaktionen auch ohne Katalysator vor sich gehen, aber in bedeutend längerer, zum Teil unmeßbar langer Zeit.

Vor Berzelius haben nur einige wenige über katalytische Vorgänge nachgedacht, obschon die Menschen derartige Reaktionen längst unter den Händen gehabt haben.

Von den verhältnismäßig wenigen chemischen Prozessen, die mit Sicherheit schon von den Alten verwendet wurden, gehören mindestens zwei, die alkoholische Gärung und die Essigbereitung aus alkoholischen Flüssigkeiten, zu dieser Kategorie. Es ist ferner wahrscheinlich, daß auch Gärungen durch Bakterienfermente praktisch benutzt wurden; denn unter anderm wurde mit Indigblau gefärbt, welches bekanntlich durch den bakteriellen Küpenprozeß aus seinem Glykosid in Freiheit gesetzt und durch Reduktion löslich gemacht wird. Auch das Schwefeln des Weins, das von Plinius erwähnt wird, ist insofern hier ebenfalls zu erwähnen, als z. B. die unter „Casse“ bekannte Weinkrankheit, welche eine Entfärbung des roten Weins bewirkt, eine ausgesprochen katalytische Erscheinung ist. Sie wird, wie Cazeneuve neuerdings gefunden hat, durch ein Oxydationsferment, vielleicht auch, nach Lagatus' Untersuchungen, einfach durch den Gehalt des Weins an Eisensalzen bedingt und schweflige Säure wirkt als Gegengift.

Im Mittelalter wird dann in den Vorschriften des Alchimisten Pseudo-Geber die beschleunigende Wirkung des Salpeters bei der Reingewinnung des Goldes durch ein Kupellationsverfahren erwähnt. Die Alchimisten kannten ferner eine Darstellung der Schwefelsäure durch Verbrennen von Schwefel, dem man Salpeter beigemengt hat, eine Darstellung, aus welcher sich später der Bleikammerprozeß entwickelte. Dieselben haben außerdem, zu Ausgang des Mittelalters, aus Alkohol, mit Hilfe von Schwefelsäure, Äther dargestellt.

Dann haben im sechzehnten und siebzehnten Jahrhundert die Vertreter der iatrochemischen Richtung sich besonders mit den Lebensprozessen beschäftigt und versucht, dieselben auf chemische Vorgänge zurückzuführen. Bei der heillosen Verwirrung, welche jedoch zu jener Zeit noch das chemische und medizinische Denken beherrschte, war es unmöglich, daß diese großartige Idee des Paracelsus bei ihm selbst und seinen Nachfolgern zur Abklärung und folgerichtigen Anwendung kam. Immerhin ist diese selbe Idee schon bei van Helmont nicht mehr mit so viel phantastischem Beiwerk versehen, wie bei Paracelsus. Die Funktionen des Organismus sollen durch den sauren, basischen oder neutralen Charakter der verschiedenen Körperflüssigkeiten bedingt sein. Dieser Gedanke, der noch energischer als von van Helmont durch Sylvius vertreten wurde, ist von großer Tragweite, selbst bei dem gegenwärtigen Stand der chemisch-medizinischen Forschung und zwar im Hinblick darauf, daß die Lebensprozesse als katalytische Vorgänge anzusprechen sind und daß katalytische Reaktionen in hohem Maße beeinflußt werden können durch den sauren, neutralen oder basischen Charakter der Flüssigkeit, in welcher sie sich vollziehen. Sylvius ist ferner der erste, der die Verdauung klar als chemischen Prozeß ansprach und erkannte, daß der Speichel, der Magen- und Pankreassaft und die Galle eine wichtige Rolle dabei spielen. Hier ist also der erste Anfang der wissenschaftlichen Behandlung katalytischer Prozesse zu verzeichnen, wenn auch die Erkenntnis, daß es sich hier, wie bei andern Lebensvorgängen um derartige Reaktionen handelt, erst in einer viel spätern Zeit erfolgte. Immerhin fällt die erste dunkle Vorstellung, daß es Körper gäbe, welche nur durch ihre Gegenwart, nur durch „Kontakt" wirksam sein könnten, in jene selbe Zeit, wurden doch die Antimonpillen als eine solche mysteriöse Substanz angesehen.

Dann kam in der zweiten Hälfte des siebzehnten Jahrhunderts die Entdeckung des Phosphors, eines Elementes, welches dank seiner merkwürdigen Autoxydationserscheinungen, z. B. der geheimnisvollen Druckgrenze für das Leuchten und der Beeinflussung des Leuchtens durch fremde Gase, noch heute eng mit der katalytischen Forschung verknüpft ist.

Etwa hundert Jahre später wurde die salpetrige Säure, sowie Molybdän und Wolframsäure von Scheele entdeckt; ferner tauchten damals eine Anzahl Mangan-, Kobalt-, Nickel- und Platinsalze auf, alles Verbindungen, welche in bestimmten katalytischen Prozessen von Bedeutung sind.

Endlich folgte dann um die Wende des vergangenen Jahrhunderts der erste systematische Erklärungsversuch einer katalytischen Reaktion. Es war die von Clément und Desormes gegebene Deutung der Vorgänge bei der Schwefelsäurefabrikation nach dem Bleikammerprozeß. Durch die Fähigkeit der abwechselnden Oxydation und Reduktion sollten die Stickoxyde in den Stand gesetzt sein, Sauerstoff aus der Luft aufzunehmen, denselben hierauf an die schweflige Säure abzugeben und sich von neuem zu oxydieren, im Sinne der folgenden Gleichung:

$$SO_2 + H_2O + NO_2 = H_2SO_4 + NO; \; NO \rightarrow NO_2.$$

Die Stickoxyde würden demnach, vermöge ihrer Eigenschaft als Sauerstoffüberträger, die Oxydation der schwefligen Säure enorm beschleunigen, welche für sich allein, selbst in wäßriger Lösung, nur sehr langsam vor sich geht.

Ostwald bemerkt zu dieser Erklärung, daß sie die Hauptsache, die ungeheure Beschleunigung des Vorgangs, unerklärt lasse, da durch die Mitwirkung der Stickoxyde die Zahl der Reaktionen und somit die erforderliche Anzahl geeigneter molekularer Begegnungen verdreifacht werde. Folglich liege höchstens ein Grund zur Verlangsamung und nicht zur Beschleunigung des Prozesses vor. Nun ist aber hier die abwechselnde Oxydation und Reduktion nur die Begleiterscheinung eines bei weitem komplizierteren Vorgangs, dessen Verlauf die Reaktionsbeschleunigung ganz plausibel erscheinen läßt.

Da bei organischen Oxydationen neuerdings nachgewiesen ist, daß intermediär ein Superoxyd entsteht, indem der Sauerstoff als ganzes Molekül aufgenommen wird, und da kein Grund vorhanden ist, warum die anorganischen Oxydationen prinzipiell anders verlaufen sollten als organische, so kann man sich vorstellen, daß sich das Stickoxyd in der folgenden Weise am Bleikammerprozeß beteiligt.

Zwei Moleküle Stickoxyd addieren ein Molekül Sauerstoff, indem die Doppelbindung zwischen den Sauerstoffatomen sich löst:

$$O{=}O : O{-}O : 2N{=}O + O_2 = O{=}N{-}O{-}O{-}N{=}O.$$

Das so entstandene Superoxyd ist aber nichts andres als das Stickstofftetroxyd N_2O_4; denn gegen diese Viktor Meyersche Formel spricht kein einziger zwingender Grund, während anderseits, ganz abgesehen von der Bildungsweise aus Stickoxyd, die, im Sinne der modernen Anschauungen, nur zu der oben angegebenen Formel führen kann, zwei wichtige Momente die Günsbergsche Formel

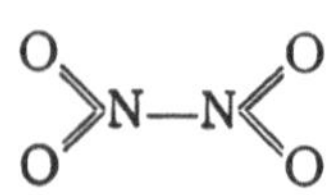

sehr unwahrscheinlich machen. Erstens müßte man erwarten, daß ein Körper, dem eine solche Struktur zukommt, der also ein „komplexes Chromophor“ (analog wie in organischen Farbstoffen derartige Gruppen von Witt, Nietzki und v. Kostanecki angenommen worden sind) repräsentiert, gefärbt wäre. Man müßte diesen Schluß um so eher ziehen dürfen, als sogar das einfache Chromophor, das Stickstoffdioxyd $\genfrac{}{}{0pt}{}{O}{O}\!\!>\!N$ ein Gas von intensiv gelbbrauner Farbe ist.

Ferner spricht gegen Günsbergs und für Viktor Meyers Formel die leichte Bildung eines Additionsproduktes des Stickstofftetroxyds mit Amylen:

$$C_5H_{10}\begin{cases}O-N=O\\ O-N=O\end{cases}$$

Dieses Additionsprodukt kommt dadurch zustande, daß das Amylen, vermöge seiner Doppelbindung, das Stickstofftetroxyd $O=N-O\,\vdots\,O-N=O$ symmetrisch zu spalten und die beiden Spaltungsprodukte $O=N-O-$ zu addieren vermag.

Genau so wie durch Amylen kann das Stickstofftetroxyd nun auch von wäßriger schwefliger Säure angegriffen werden, nur mit dem einen Unterschied, daß das unsymmetrische Wasserstoffatom von zwei Molekülen schwefliger Säure vorerst mit einem Molekül Sauerstoff als Wasserstoffsuperoxyd austritt, und daß dann die Schwefligsäurereste, vermöge der freigewordenen Valenz, die Spaltung und die Addition des Stickstofftetroxyds ausführen:

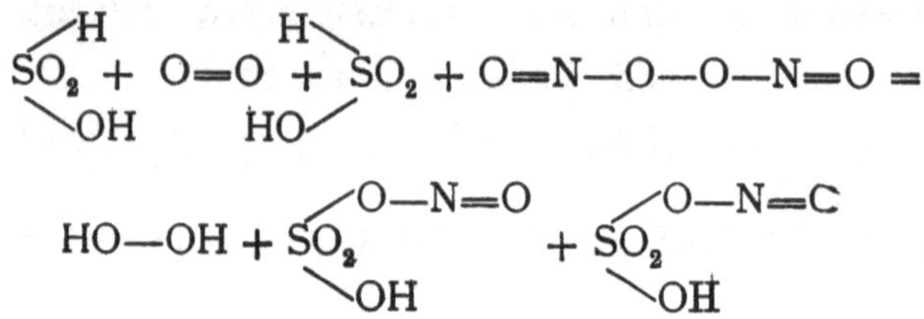

Dieses stickstoffhaltige Produkt bildet die Bleikammerkristalle, es ist die Nitrosylschwefelsäure, welche Lunge als Zwischenprodukt des Kammerprozesses annimmt. Dieselbe zersetzt sich dann mit Wasser unter Schwefelsäurebildung; aber auch mit dem vorhandenen HO—OH kann sie sich folgendermaßen umsetzen:

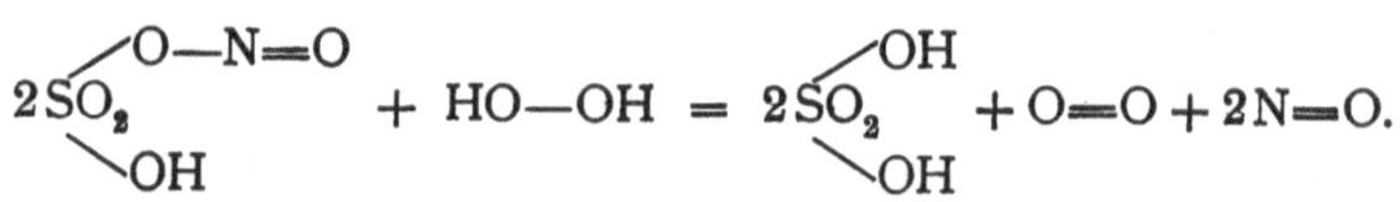

Diese Umsetzung würde nun viel rascher erfolgen als diejenige der Produkte, welche aus der schwefligen Säure allein entstehen. Die Oxydation der letzteren ohne Sauerstoffüberträger würde nämlich im Sinne folgender Gleichung stattfinden:

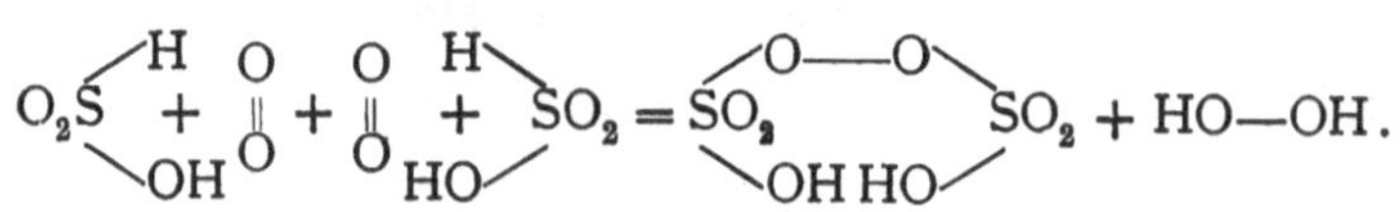

Das Superoxyd, die Überschwefelsäure, setzt sich dann langsam mit dem Wasserstoffsuperoxyd um, indem sich zwei Moleküle Schwefelsäure und ein Molekül freier Sauerstoff bilden:

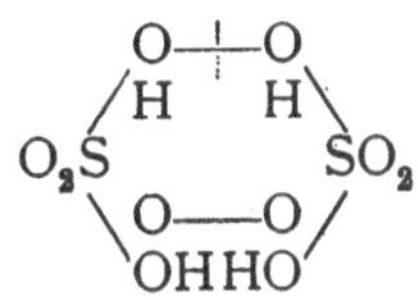

Daß die Autoxydation der schwefligen Säure tatsächlich so erfolgt, dafür sprechen eine Anzahl älterer und neuerer Beobachtungen, welche mit Sicherheit auf eine mit dieser Oxydation verknüpfte Sauerstoffaktivierung hinweisen. 1855 beobachtete Mohr, daß eine Lösung von Natriumarsenit, welche für sich allein sich nicht oxydiert, diese Fähigkeit erlangt durch Zusatz von schwefligsaurem Natron. Er sagt darüber: „Indem das schwefligsaure Natron sich oxydiert, steckt es auch die arsenige Säure mit der Oxydationsbewegung an.“ Zehn Jahre später beobachtete Wicke, daß sich Nickeloxyd bei Gegenwart von schwefliger Säure oder von Natriumbisulfit schwärzt unter Bildung von Nickelsuperoxyd und zu derselben Zeit machte Liebig die ganz analoge Beobachtung, daß durch schweflige Säure mit Manganoxydul getränkte Papierstreifen braun werden infolge der Ausscheidung von Mangansuperoxyd. Die Vorstellung Liebigs über diesen Vorgang ist für jene Zeit von bewundernswürdiger Klarheit und trifft durchaus den Kern der Sache, wie aus folgenden Worten hervorgeht: „Die schweflige Säure bewirkt, indem sie selbst in Schwefelsäure übergeht, daß der daneben befindliche Körper sich ebenfalls oxydiert und dies geschieht, indem sie den Sauerstoff in ozonisierten Sauerstoff verwandelt.“ In der Tat beruht die Oxydationen bewirkende Fähigkeit der Schwefligsäurelösungen auf der intermediären Bildung von Wasserstoffsuperoxyd, das ja dem Ozon, sowohl in bezug auf seine Reaktionen, als auch in bezug auf die Art, wie es sich bildet, verwandt ist. Das Wasserstoffsuperoxyd oxydiert die Arsenite zu Arsenaten, das Nickeloxyd zu Nickelsuperoxyd, das Manganoxydul zu Mangansuperoxyd, indem es sich dabei in seine beiden Hydroxylgruppen spaltet, die addiert werden. Auch bei den Salzen, welche eine Oxydation erleiden, kann man annehmen, daß es der hydrolytisch gespaltene Bruchteil ist, welcher mit dem Wasserstoffsuperoxyd in Reaktion tritt. Von den neueren Beobachtungen, welche dafür sprechen, daß die Autoxydation der wäßrigen schwefligen Säure und deren Salze im Sinne der oben angeführten Gleichung erfolgt, sind diejenigen Jorissens zu erwähnen, welche zeigen, daß das Natriumbisulfit bei diesem Vorgang gerade so viel Sauerstoff aktiviert, als es selbst aufnimmt.

In der Reaktion:

$$2\,SO_2\begin{matrix}H\\OH\end{matrix} + 2\,O_2 = O_2S\begin{matrix}O{-}O\\OH\quad HO\end{matrix}SO_2 + HO{-}OH$$

ist nun das Wasserstoffsuperoxyd ein Endprodukt der Reaktion, welches nach dem Massenwirkungsgesetz hemmend auf den weiteren Reaktionsverlauf einwirken muß.[1] Setzt man nun einen Körper zu, der das Wasserstoffsuperoxyd zersetzt, so fällt diese Hemmung fort und es können sich neue Mengen schwefliger Säure oxydieren. Es ist natürlich ohne weiteres klar, daß eine Reaktion, welche, ohne durch Hemmungen unterbrochen zu werden, beständig fortläuft, schneller vonstatten geht als eine andre. Die Hinderung durch Wasserstoffsuperoxyd muß besonders bei denjenigen Substanzen ausgeprägt sein, wo das Superoxyd, wie z. B. gerade die Überschwefelsäure, neben Wasserstoffsuperoxyd relativ beständig ist. Aus diesem Grunde vermag wohl auch der Zusatz von Körpern, wie Manganoxydulsulfat, Manganoxydulchlorid, Kupfersulfat, Kupferchlorid, Kupferoxyd, Kupferhydroxyd, ferner, allerdings schwächer, die Salze des Nickel, Zink, Kadmium und Magnesium gerade auf die Oxydation der schwefligen Säure so enorm beschleunigend zu wirken, weil allen diesen Salzen die Fähigkeit, das Wasserstoffsuperoxyd zu zerlegen, in weit höherem Maße zukommt, als einem Superoxyd von der Art der Überschwefelsäure. Wird einer dieser Katalysatoren durch Zusatz einer fremden Substanz gebunden, so tritt, worauf Luther hin-

[1] Allerdings wird beständig etwas Wasserstoffsuperoxyd dadurch entfernt, daß dasselbe auf unveränderte Schwefligsäuremoleküle selbst oxydierend einwirkt. Der Verbrauch durch diese Nebenreaktion findet jedoch zu langsam statt, um die hemmende Wirkung aufzuheben.

gewiesen hat, die Erscheinung der sogenannten negativen Katalyse, d. h. die scheinbare Verlangsamung der Reaktion durch einen Fremdkörper, auf; es ist dies jene Erscheinung, welche Bigelow bei der Oxydation von Natriumsulfitlösungen (die Spuren von Kupfersulfat, das aus dem Glas der Gefäße stammte, enthielten) bei Zusatz von Alkohol, Glycerin, Mannit, Benzaldehyd, Isobutylalkohol, Phenol, Weinsäure usw. beobachtet hat.

Bei der Oxydationsbeschleunigung durch die vorhin erwähnten Wasserstoffsuperoxydkatalysatoren werden, infolge der gegenseitigen Wechselwirkung, zwei Fliegen mit einer Klappe geschlagen. Das Schwermetallsalz resp. das Oxydul entfernt alles gebildete Wasserstoffsuperoxyd sehr rasch und ermöglicht dadurch das Fortschreiten der Reaktion; indem es aber das Wasserstoffsuperoxyd zersetzt, geht es selber in eine höhere Oxydationsstufe über, und es kommt die von Mohr als „Ansteckung der Oxydationsbewegung“ bezeichnete Wirkung der Schwefligsäurelösungen zustande. Kommt es dabei zu keiner Ausscheidung von einem höheren Metalloxyd, bleibt vielmehr das Metallsuperoxyd — oder dessen hydrolytisch gespaltene Salze — in Lösung, so greift dasselbe weiter in den primären Oxydationsprozeß ein. Es wirkt dann in demselben Sinne wie das Superoxyd der Hauptreaktion auf das Wasserstoffsuperoxyd zersetzend ein, aber in viel höherem Maße als dieses, wenigstens bei den Reaktionen, wo eine Oxydationsbeschleunigung durch den Fremdkörperzusatz beobachtet wird. So können der Braunstein und alle andern Metallsuperoxyde, sowie die B r e d i g sche Platinflüssigkeit, das Wasserstoffsuperoxyd im Sinne der folgenden Gleichung entfernen:

$$\mathrm{Mn}\begin{matrix}\nearrow\!\!\!\nearrow \mathrm{O}\\ \searrow\!\!\!\searrow \mathrm{O}\end{matrix} + \begin{matrix}\mathrm{H{-}O}\\ \quad |\\ \mathrm{H{-}O}\end{matrix} = \mathrm{Mn}\begin{matrix}\nearrow \mathrm{OH}\\ \searrow \mathrm{OH}\end{matrix} + \begin{matrix}\mathrm{O}\\ \|\\ \mathrm{O}\end{matrix}$$

Hierbei fungiert das Wasserstoffsuperoxyd als Reduktionsmittel, indem es sich in Wasserstoff und molekularen Sauerstoff spaltet. Das entstandene Manganoxydulhydrat zersetzt hierauf neue Mengen Wasserstoffsuperoxyd, indem es dasselbe in seine beiden Hydroxylgruppen trennt und diese addiert. So vermögen die minimalsten Spuren solcher Metalloxyde oder ihrer gelösten, hydrolylitisch gespaltenen Salze unbegrenzte Mengen Wasserstoffsuperoxyd zu entfernen. Der ganze Mechanismus, durch welchen die Oxydationsbeschleunigung zustande kommt, beruht auf den alternierenden, verschiedenartigen Spaltungen, die das Wasserstoffsuperoxyd erleidet. Wird dasselbe mit einem Superoxyd zusammengebracht, so wirkt es reduzierend dadurch, daß es sich in dieser Weise spaltet: $\begin{matrix}\mathrm{O} \vdots \mathrm{H}\\ | \quad\\ \mathrm{O} \vdots \mathrm{H}\end{matrix}$; auf ein Oxyd dagegen wirkt es oxydierend, indem es sich folgendermaßen spaltet: $\begin{array}{l} \mathrm{O{-}H} \\ \,|\cdots\cdots \\ \mathrm{O{-}H} \end{array}$. Auf der eigentümlichen Struktur des Wasserstoffsuperoxyds, welche einem und demselben Körper ermöglicht, unbegrenzte Mengen davon zu entfernen, beruht die geheimnisvolle Wirkung dieser „Sauerstoffüberträger" auf die Geschwindigkeit des Oxydationsvorgangs, und im Hinblick darauf, daß Ostwald gerade diesem Punkt eine so große Wichtigkeit beimißt, sei noch einmal hervorgehoben, daß die ununterbrochene Entfernung des Wasserstoffsuperoxyds aus dem Grund die Ursache der katalytischen Reaktionsbeschleunigung wäre, weil das Wasserstoffsuperoxyd als ein Endprodukt der Reaktion auftritt und als solches deren weiteren Verlauf hemmt.

Auch eine Anzahl von Lebensprozessen basieren auf dem nämlichen Prinzip wie die Oxydation der wäßrigen schwefligen Säure und ihrer Salze, auf dieser selben eigentümlichen Wechselwirkung zweier oxydabler Substanzen.

Schon frühe sind diese Oxydationen im lebenden Organismus mit der Sauerstoffaktivierung in Beziehung gebracht worden, welche Schönbein bei der Autoxydation einer großen Zahl, besonders organischer Verbindungen, beobachtet hat. Leinöl, Weingeist, Holzgeist, Zitronensäure, Weinsäure, Essigsäure, Terpentinöl, Benzaldehyd, Pyrogallol, Gerbsäure, Hämatoxylin und viele andre mehr bewirken nämlich an der Luft, daß gleichzeitig anwesende Körper sich oxydieren, genau so, wie dies bei der Autoxydation der Natriumsulfitlösungen von Mohr, Liebig und Wicke konstatiert worden ist. Schönbein selbst wurde wohl durch die eigentümlichen Ansichten, welche er über die Konstitution des Wasserstoffsuperoxyds und des Ozons hegte, daran verhindert, den Mechanismus der Reaktion zu erkennen.

Hoppe-Seyler hat dann später die Vorstellung ausgearbeitet, als komme diese Sauerstoffaktivierung dadurch zustande, daß autoxydable Substanzen das Sauerstoffmolekül in seine Atome spalten, und daß dem atomistischen Sauerstoff die Aktivität zuzuschreiben sei. Ganz besonders sollte auch dem naszierenden Wasserstoff die Fähigkeit zukommen, das Sauerstoffmolekül zu spalten, und aus der Beobachtung, daß bei der Fäulnis Sauerstoff aktiviert wird, schloß Hoppe-Seyler, daß auch im lebenden Gewebe die Sauerstoffaktivierung auf einer ähnlichen Ursache beruhe. Das Auftreten von Wasserstoffsuperoxyd und Ozon sollte sekundärer Natur sein und von der Oxydation des Wassers resp. des molekularen Sauerstoffs durch atomistischen Sauerstoff herrühren.

In einer ebenso scharfsinnigen als scharfen Kritik hat dann Traube Punkt für Punkt Hoppe-Seylers fein durchdachte Ansichten widerlegt. Aus der hochbedeutenden Polemik sei nur das für uns Wichtigste erwähnt:

Nicht die Sauerstoffmoleküle werden zerlegt, vielmehr wirken diese selbst spaltend und zwar auf die Wassermoleküle, indem sie sich deren Wasserstoff anzueignen vermögen, wenn gleichzeitig eine Substanz zugegen ist, welche den Sauerstoff im Wasser an sich reißt.

Wie fein Traube seine Probleme durchdenkt, geht unter anderm daraus hervor, wie er sich den Reduktionsvorgang beim Sauerstoffmolekül vorstellt. Er nimmt an, daß in diesen Molekülen zwei Sauerstoffatome mit ihren beiden Valenzen verknüpft sind: $\begin{array}{c}O\\ \|\\ O\end{array}$. Nun kann sich die doppelte Bindung lösen: $\begin{array}{l}O-\\ |\\ O-\end{array}$, und an jede freie Valenz tritt ein Wasserstoffatom: $\begin{array}{l}O-H\\ |\\ O-H\end{array}$ unter Bildung von Wasserstoffsuperoxyd. Traube faßt dieses also als Reduktionsprodukt des molekularen Sauerstoffs auf und vergleicht den vorliegenden Übergang mit dem Übergang der Farbstoffe in ihre Leukoverbindungen, ein Vergleich, wie man ihn zur Stunde nicht treffender finden könnte.

Der ganze Vorgang der Sauerstoffaktivierung würde folgendermaßen verlaufen:

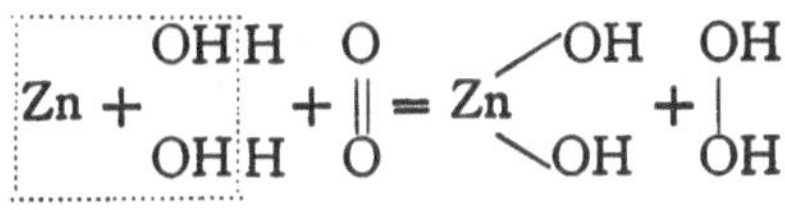

Das Wasserstoffsuperoxyd vermag dann weiter auf Zink einzuwirken nach der Gleichung:

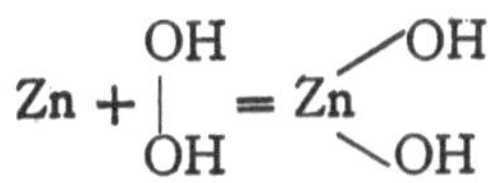

Das Wasserstoffsuperoxyd ist also nach Traube der Grundpfeiler, auf welchem der ganze Oxydationsvorgang beruht. In der Erkenntnis der wichtigen Rolle, die das Wasserstoffsuperoxyd bei Oxydationsprozessen spielt, sowie der Erkenntnis, daß das Sauerstoffmolekül nicht gespalten wird, liegt die eminente Bedeutung der Traubeschen Theorie, wenn auch unter anderm die Auffassung der Funktionen des H—O—O—H nicht richtig gewesen ist.

Seit Traube haben eine Anzahl anderer Gelehrter die Frage der Sauerstoffaktivierung behandelt, so van't Hoff, Jorissen und in den letzten Jahren vor allem Engler und Wild, sowie Bach.

Die letzteren haben gezeigt, daß bei den Oxydationen intermediär immer ein Superoxyd des sich oxydierenden Körpers entsteht, da das Sauerstoffmolekül, im Einklang mit Traubes Annahme, nicht gespalten, sondern als Ganzes addiert wird.

So verläuft z. B. die Benzaldehydoxydation folgendermaßen:

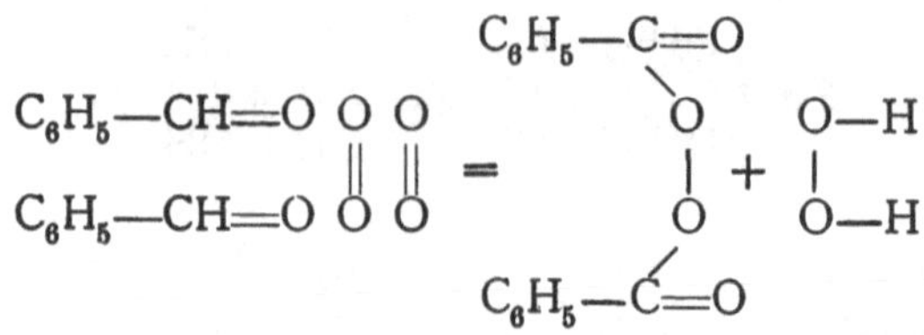

Diese beiden intermediär gebildeten Superoxyde setzen sich dann gleich weiter miteinander um unter Bildung zweier Moleküle Benzoesäure und eines Moleküls von freiem Sauerstoff, indem das Wasserstoffsuperoxyd reduzierend wirkt.

Auch im lebenden Organismus kommt es nach Bach und Chodat zu einer intermediären Bildung von Superoxyden, mit deren Hilfe die Oxydasen, d. h. die die Oxydation bewirkenden Fermente, Sauerstoff auf andre oxydationsfähige Körper übertragen. Die nähere Vorstellung über die Superoxydwirkung ist jedoch bei diesen Gelehrten recht kompliziert und vielleicht auch noch nicht ganz abgeklärt; noch weniger klar scheinen die Ansichten Löws zu sein, obschon mancher richtige Kern darin enthalten ist. Löw spricht nämlich den Peroxyden jede oxydative Funktion im Organismus ab und will sie nur als Schutzmittel für das Protoplasma gegen die Anhäufung des Wasserstoffsuperoxyds gelten lassen, da, wie er sich ausdrückt, die im Organismus allgemein verbreiteten Superoxydasen die Peroxyde sofort zersetzen müßten. Statt nun die richtig erkannte Wechselwirkung zwischen den Superoxyden und dem Wasserstoffsuperoxyd mit den Oxydationsvorgängen im Organismus in Beziehung zu bringen, nimmt Löw zur Erklärung derselben „Molekularschwingungen" des Protoplasmas an. Seine Vorstellungen erinnern durchaus an eine Hypothese Nägelis, welcher glaubte, die Enzyme wirkten vermöge der Schwingungen ihrer Moleküle. Durch diese Schwingungen sollten die Bewegungen der Nährstoffmoleküle gesteigert und dadurch deren Zerfall herbeigeführt werden, während die solideren Enzymmoleküle dabei unverändert bleiben. So ingeniös diese Hypothese Nägelis auch ist und so bewundernswürdig sie seinerzeit war, so verfehlt ist es, bei dem gegenwärtigen Stand unsrer Kenntnisse um derartiger Spekulationen willen die wichtigsten tatsächlichen Momente beiseite zu schieben.

Wenn man versuchen will, einen Einblick in den Mechanismus der Oxydationen im Organismus zu erlangen, so ist die sicherste Richtschnur offenbar die, das gleiche Prinzip der Sauerstoffübertragung, das wir bei der Oxydation der wäßrigen schwefligen Säure kennen gelernt haben, auch hier anzuwenden. Wenn dort die geheimnisvolle Wechselwirkung, welche zwischen der Oxydation der Säure und dem Metalloxyd stattfindet, mit der ununterbrochenen Entfernung des Wasserstoffsuperoxyds zusammenhängt, so kann man sich vorstellen, daß in völlig analoger Weise auch in der lebenden Zelle die Oxydationen vor sich gehen.

Die sich oxydierende Substanz, z. B. Traubenzucker, würde demnach intermediär ein Superoxyd bilden. In völliger Anlehnung an die Schwefligsäure- oder noch besser die Benzaldehydoxydation würde man die folgende Gleichung erhalten:

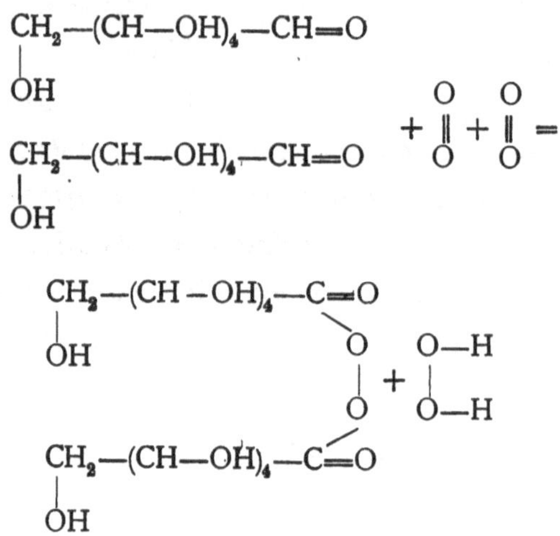

Diese beiden Superoxyde würden sich jedoch nur langsam miteinander umsetzen, so daß das Fortschreiten der Reaktion durch die Anhäufung der Reaktionsprodukte gehemmt wäre, wenn nicht die Oxydasen, die Wasserstoffsuperoxyd katalysierenden Elemente der Gewebe, in den Prozeß eingreifen würden. Dieselben können nun das Wasserstoffsuperoxyd fortwährend beiseite schaffen, indem sie dasselbe in der ersten Phase in dieser Weise spalten: $\begin{array}{l} O-H \\ \vert \\ O-H \end{array}$ und die getrennten Hydroxylgruppen addieren. Dadurch gehen sie selbst in Superoxyde über, die man, wenn man will, als Superoxydasen bezeichnen kann. Diese superoxydartigen Körper spalten nun ebenfalls das Wasserstoffsuperoxyd, aber, im Gegensatz zu vorhin, diesmal in dieser Richtung: $\begin{array}{l} O-H \\ \vert \\ O-H \end{array}$. Hierbei werden sie selbst wiederum zu einfachen Oxydasen reduziert und dann wiederholt sich der Vorgang von neuem. Wird die auf dem Fortschaffen des Wasserstoffsuperoxyds beruhende katalytische Wirkung der Gewebe gestört, so kann der Zucker nicht oder nur unvollständig verbrannt werden und mit dieser mangelhaften Verbrennung steht der Diabetes in engem Zusammenhang.

Die Wasserstoffsuperoxydzersetzung braucht aber nicht notwendigerweise dadurch gehemmt zu werden, daß der Katalysator, die Oxydase, die Fähigkeit der abwechselnden Oxydation und Reduktion verliert. Eine ausschlaggebende Rolle vermag, worauf, wie schon eingangs erwähnt wurde, schon van Helmont und Sylvius hingewiesen haben, auch die Reaktion des Blutes zu spielen. Das Wasserstoffsuperoxyd zersetzt sich nämlich nur in alkalischer Lösung sehr rasch, offenbar deshalb, weil es darin zum Teil als

Säure gebunden ist: $\begin{matrix}O-Na\\|\\O-Na\end{matrix}$. Diese salzartigen Verbindungen sind aber stärker dissoziiert als das freie Wasserstoffsuperoxyd, dessen ohnehin schwache Dissoziation durch die Wasserstoffionen freier Säure noch mehr zurückgedrängt wird, in ähnlicher Weise wie bei verschiedenen Indikatoren, z. B. beim Paranitrophenol und Phenolphtaleïn oder wie bei der Pikrinsäure. Durch diese Zurückdrängung der Dissoziation wird die Spaltung des Wasserstoffsuperoxyds nach der einen Richtung: $\begin{matrix}O \vdots H\\|\\O \vdots H\end{matrix}$ selbstverständlich erschwert, indem die Spaltungsprodukte nun nicht mehr in der Lösung, gleichsam vorgebildet, vorhanden sind. Die schützende Wirkung, welche Säuren auf das Wasserstoffsuperoxyd ausüben, würde sich so ganz einfach durch eine Zurückdrängung seiner Dissoziation erklären. Es wäre demnach möglich, daß das Zurückgehen der Alkalität oder gar die saure Reaktion des Blutes, die man bei Diabetes beobachtet, die Krankheit bedingen oder wenigstens verschlimmern kann, indem die Wasserstoffsuperoxydzersetzung durch den verminderten Alkaligehalt gehindert wird. Die Mialhesche Anschauung, daß die Alkaleszenzabnahme des Blutes die Zuckerverbrennung herabsetze und den Diabetes bedinge, könnte auf diese Weise theoretisch gestützt werden. Vielleicht ist das „glykolytische Ferment", welches normalerweise dem Organismus vom Pankreas geliefert werden soll und dessen Fehlen nach Lépine und Cohnheim den Diabetes bedingt, nichts andres als Alkali.

Damit würde übereinstimmen, daß nach starken Muskelkrämpfen, bei Strychnin und Curarevergiftungen Zucker im Harn auftreten kann; denn bekanntlich erlangt der Muskel durch seine Tätigkeit eine saure Reaktion, da sich Milchsäure bildet und diese Säurebildung könnte eine mangelhafte Wasserstoffsuperoxydzersetzung und somit eine Verlangsamung der Zuckeroxydation bedingen. Der im Blut angehäufte Zucker würde dann unverbrannt den Körper verlassen.

Die Anhäufung des Wasserstoffsuperoxyds in den arbeitenden Muskeln könnte dann ferner als Ursache der Ermüdungserscheinungen angesehen werden; dasselbe würde dann also das sogenannte Ermüdungsgift repräsentieren.

Dementsprechend müßte man erwarten, daß man den Diabetes durch Einführung von Alkali in das Blut günstig beeinflussen könnte, und dies scheint in der Tat der Fall zu sein; denn Vichy, Neuenahr und andre Kurorte für Diabetiker besitzen stark alkalische Quellen, und in ganz schweren Fällen nach ausgebrochenem Koma wird Alkali (Sodalösung 50 g auf 1 l Wasser) in eine Hautvene eingespritzt (Mehring). (Trotzdem wird die Wirkung des Alkalis bei Diabetes merkwürdigerweise von seiten der Mediziner in Frage gestellt.) Möglicherweise könnte auch die Verabfolgung andrer heftiger Wasserstoffsuperoxydkatalysatoren, wie Schwermetalloxyde resp. deren Salze und vor allem die kolloidalen Metalllösungen, besonders die auch in saurer Lösung wirkende „Bredigsche Platinflüssigkeit“, in der Diabetestherapie von Nutzen sein.

Es muß noch nachgeholt werden, daß selbstverständlich lebendes Gewebe nicht nur das Wasserstoffsuperoxyd zu zersetzen vermag, das im Organismus selbst entsteht, sondern daß es auch außerhalb des Körpers die nämliche Zersetzung hervorrufen kann, indem sich die Oxydasen abwechselnd oxydieren und reduzieren. Besondere Wasserstoffsuperoxyd katalysierende Fermente wie die Löwsche Katalase noch außerdem anzunehmen, erscheint überflüssig. Die sogenannten Oxydasen, also diejenigen Bestandteile des Protoplasmas, welche die Oxydationen beschleunigen, würden nichts andres als vollständige Analoga des Bleisuperoxyds, des Mangansuperoxyds, der entsprechenden Platinsauerstoffverbindung usw. repräsentieren, und die große Ähnlichkeit der Reaktionen aller dieser Körper, z. B. die Bläuung von wasserstoffsuperoxydhaltiger Guajaktinktur oder von Jodkaliumstärkekleister, wäre demnach nicht nur eine zufällige, sondern eine durch innere Wesensverwandtschaft bedingte. Es muß in allen diesen sonst so verschiedenartigen Substanzen ein gleiches

Prinzip, eine gleiche Atombindung vorhanden sein, welche das ähnliche Verhalten bei der Oxydation zur Folge hat.

Die Tatsache, daß gerade diejenigen Substanzen, welche sich leicht an eine Aldehydgruppe anzulagern vermögen, wie vor allem die Blausäure, heftige Protoplasmagifte sind, weist auf den von Kobert ausgesprochenen Gedanken hin, daß auch im lebenden Protoplasma die wirksame, mit der Oxydation verknüpfte Gruppe eine aldehydische sei. Diese von ganz andren Gesichtspunkten aus nahegelegte Annahme einer Aldehydgruppe ist ein Beweis dafür, daß die vollkommene Anlehnung an die bei der Benzaldehydoxydation beobachteten Verhältnisse zur Erklärung der Oxydationen im lebenden Organismus seine Berechtigung hat. Blausäure, Natriumsulfit, Hydroxylamin, Schwefelwasserstoff und andre heftige Gifte wirken dann ferner ebenso ausgesprochen wie beim Protoplasma hemmend auf die Wasserstoffsuperoxydzersetzung des Platin, wie dies Bredig und Müller von Berneck und Bredig und Ikeda an ihren kolloidalen Platin- und andren Metalllösungen gezeigt haben.

Dies deutet darauf hin, daß in diesen kolloidalen Lösungen nicht das Metall als solches vorliegt, sondern das Oxyd, welches, an Stelle des Kohlenstoffs der Aldehydgruppe, Metall in doppelter Bindung mit Sauerstoff enthält und durch Addition von molekularem

Sauerstoff oder Wasserstoffsuperoxyd wie diese Superoxyd zu bilden vermag, dessen kräftige Oxydationswirkungen denen des Protoplasmas gleichkommen. Diese Superoxydbildung wird wie dort durch die Anlagerung von Blausäure, Natriumsulfit, Hydroxylamin, Schwefelwasserstoff unmöglich gemacht. Die Vergiftung kann jedoch in beiden Fällen dadurch gehoben werden, daß, vermutlich durch die Mitwirkung intakter Moleküle, die Blausäure usw. verbrannt wird. Die Fähigkeit, solche Gifte zu verbrennen, wird durch Zusatz von Wasserstoffsuperoxyd enorm gesteigert und zwar sowohl bei den kolloidalen Metalllösungen als beim Protoplasma (Massenwirkung). Aus diesem Grund wird Wasserstoffsuperoxyd bei Blausäurevergiftungen, wie sie z. B. in den Goldbergwerken Südafrikas häufig sind, in großen Quantitäten intravenös verabfolgt.

Es ist durchaus nicht gleichgültig, in welcher Reihenfolge Blausäure und Wasserstoffsuperoxyd zu der Bredigschen Platinflüssigkeit hinzugefügt werden. Wird Blausäure zuerst zugegeben, so ist die Vergiftung eine unvergleichlich viel schwerere. Setzt man dagegen prophylaktisch Wasserstoffsuperoxyd der Platinlösung zu, so hat die Blausäure keine Zeit, auf das Platin resp. das Protoplasma einzuwirken; sie wird vorher zersetzt, wie dies übrigens das Prinzip jeder prophylaktischen Behandlung ist.

Das interessanteste ist jedoch, daß kolloidales Platin, welches durch Blausäure vergiftet und dann durch Wasserstoffsuperoxyd wieder geheilt wurde, aktiver ist als unvergiftetes, und daß durch mehrmaliges Wiederholen dieser Vergiftungs- und Heilungsprozedur sukzessive immer aktivere kolloidale Metalllösungen erhalten werden. Dies erinnert stark an einen Vorgang, der scheinbar auf einem ganz andern Gebiete liegt. Ich denke dabei an das Formieren der Bleiplatten eines Akkumulators. So wie dort der Formierungsprozeß darin besteht, daß durch fortgesetzte, abwechselnde Ladung und Entladung und die damit verbundene abwechselnde Oxydation und Reduktion das Blei aufgelockert wird und die Superoxydschicht schließlich die ganze Masse vollkommen durchdringt, so kann man sich auch bei der Platinflüssigkeit vorstellen, daß durch die alternierende Vergiftung und Heilung die kolloidalen Metallteilchen, die ja immerhin noch nicht von molekularen Dimensionen sind, aufgelockert werden in der Weise, daß innerhalb eines Komplexes, welcher ein kolloidales Teilchen repräsentiert, nach mehrmaligem Wiederholen der erwähnten Prozedur mehr Moleküle mit Sauerstoff in Berührung kommen und dadurch oxydationsfähig werden wie vorher. Die Analogie geht aber noch weiter. Wie die elektrischen Vorgänge im Bleiakkumulator damit verknüpft sind, daß während des Entladungsprozesses Bleisuperoxyd zu Blei reduziert, während der Ladung dagegen Ble in Bleisuperoxyd übergeführt wird, so könnte auch im

Organismus Muskel- und Nervenenergie durch ähnliche Prozesse gewonnen werden. Wie dort wäre auch hier ein Superoxyd das Energiereservoir, aus welchem nach Bedarf Strom entnommen werden kann; denn man könnte das Superoxyd, welches aus den oxydablen Körpern neben Wasserstoffsuperoxyd entsteht, und welches Wasser zu zerlegen vermag, als ein solches Energiereservoir auffassen.

Eine Fülle von Lebenserscheinungen wird nun also durch das wechselvolle Spiel rasch aufeinanderfolgender Oxydationen und Reduktionen bedingt. Jede Muskeltätigkeit, ja selbst jeder Gedanke muß damit zusammenhängen, und je öfter eine bestimmte Tätigkeit wiederholt wird, desto tiefer greift die, der Formierung der Bleiplatten analoge, abwechselnde Superoxydierung und Reduktion der Gewebe, desto mehr Protoplasmamoleküle vermögen daran teilzunehmen. Darauf kann die durch fortgesetzte Wiederholung irgendeiner Übung stattfindende Muskeltrainierung beruhen und ferner vermag eine sukzessive weitergehende Superoxydierung die Ursache jener Tatsachen zu sein, die man durch die Vorstellung des „Einschleifens der Bahnen" dem Verständnis näherzubringen gesucht hat.

Wie kein andres Organ besitzt das Gehirn die Fähigkeit der Trainierung. Wenn man sich z. B. zum allerersten Male mit einer schwierigen Frage beschäftigt, so erfaßt man sie erst nur dumpf, unklar, gleichsam in schattenhaften Umrissen. Es ist als habe man einen innern Widerstand zu überwinden; allmählich wird jedoch der Widerstand geringer, die neuen, anfangs ganz oberflächlichen Vorstellungen gestalten sich deutlicher, vertiefen und erweitern sich, treten mit andern, schon bekannten Vorstellungen in Beziehung und werden einem geläufig.

Dieses allmähliche Ebnen des Bodens, eben dieses sogenannte „Einschleifen der Bahnen“ kann nun dadurch bedingt sein, daß der erste Gedanke in einem bestimmten Gebiet nur mit einer ganz oberflächlichen Veränderung verknüpft ist, welche jedoch die Vorbedingung dafür ist, daß der zweite gleiche Gedanke ein wenig tiefer eindringt und so fort, so daß die mit dem Denkprozeß verbundenen abwechselnden Oxydationen und Reduktionen eine durchgreifende „Formierung“, gleichsam eine Vermehrung der wirksamen Oberfläche zuwege bringen, und je größer die wirksame Oberfläche ist, desto größer ist die katalytische Fähigkeit des Gewebes und diese würde beruhen, um noch einmal dieses Kapitel zu resümieren, ganz allgemein bei allen oxydativen Prozessen im Organismus auf der raschen Entfernung des Wasserstoffsuperoxyds durch die abwechselnde Oxydation und Reduktion der Oxydasen, da das Wasserstoffsuperoxyd als ein Endprodukt der Reaktion deren Fortschritt hemmt.

Wie sehr die Geschwindigkeit einer Reaktion dadurch beeinflußt wird, ob die Endprodukte weggeschafft werden oder sich ohne Störung ansammeln können, geht auch aus dem Unterschied der Wirkung der sogenannten geformten und der ungeformten Fermente hervor. Nur die ersteren vermögen, wie Tammann gefunden hat, die Reaktion vollständig zu Ende zu führen, offenbar deswegen, weil sie durch den Lebensprozeß in den Stand gesetzt sind, die hemmenden Endprodukte aufzuzehren. Würde es gelingen, die Körpersäfte daran zu verhindern, die Produkte pathogener Bakterien in sich aufzunehmen, fortzuschaffen und zu zersetzen, so würde die Tätigkeit der letzteren, die Nachlieferung neuer Toxine, bald zum Stillstand kommen. Ja, es kann unter Umständen, wenn die Konzentration eines Endproduktes noch weitergeht, nicht bloß zu einer Hemmung der Reaktion, sondern zu einer Umkehrung kommen. Das Ferment, welches im normalen Zustand z. B. spaltend wirkt, beginnt, wenn eine bestimmte Konzentrationsgrenze überschritten ist, zu synthetisieren. So bewerkstelligte Hanriot mit Hilfe der Serolipase die Esterifizierung des Glycerins mit einigen Mineral- und Fettsäuren, so fand Pottevin, daß pankreatische Lipase, welche normalerweise fettspaltend wirkt, die Produkte einer Fettspaltung, Glycerin und Ölsäure wieder zu vereinigen vermag und zwar zu Glycerinmonooleat, so konstatierten

Kastle und Löwenhart, daß dieselbe Lipase aus Alkohol und Buttersäure Äthylbutyrat synthetisiert, so fand Emmerling, daß das Emulsin, welches Amygdalin, das Glykosid der bittern Mandeln, zerlegt, aus Traubenzucker und Mandelsäurenitril wiederum Amygdalin aufbaut, so stellten Emil Fischer und Armstrong die Isolaktose aus Glukose und Galaktose dar und so zeigte endlich Hill, daß die Hydrolyse der Maltose durch ein Enzym, die Maltase, mit steigender Konzentration der gebildeten Glukose immer mehr gehemmt wird, und daß in konzentrierten Glukoselösungen eine Synthese, wahrscheinlich zu Isomaltose, unter der Wirkung des gleichen Ferments sich vollzieht.

Diese Beobachtungen sind nicht nur aus dem Grund für die katalytische Forschung von höchster Bedeutung, weil dadurch katalytische Probleme etwas von ihrer chemischen Ausnahmestellung verlieren und sich wie gewöhnliche umkehrbare Reaktionen dem Massenwirkungsgesetz fügen, sondern weil man hier offenbar auf ein Moment stößt, welches geeignet ist, im lebenden Organismus eine fundamentale Rolle zu spielen.

Man weiß, daß wichtige Lebensprozesse sich selbst regulieren durch ein eigentümliches Ineinandergreifen antagonistischer Wirkungen. Man hat angenommen, daß diese entgegengesetzten Wirkungen an verschiedenartige Substanzen gebunden seien, die in verschiedenen Organen vorkommen. Es seien hier nur die gerinnungsbeschleunigenden, wie das Fibrinferment, und die gerinnungshemmenden Körper erwähnt, wie Albumosen, Histone, Protamine usw. Die große Frage bleibt aber damit ungelöst, warum immer gerade im rechten Moment die antagonistische Wirkung einsetzt. Man kann sich doch nicht vom modernen wissenschaftlichen Standpunkt die Sache so bequem machen und eine Art Vorsehung einführen, so etwas wie einen Molekulardämonen von der Art des Archeus, den Paracelsus seinerzeit zur Erklärung der Verdauung zu Hilfe gerufen hat.

Aber ist nicht eben jene Umkehrung in der Wirkungsweise der Enzyme, deren Fähigkeit, je nach den Konzentrationsverhältnissen die Reaktionsgeschwindigkeit im einen oder im andern Sinn zu vermehren, in hohem Grade geeignet, die merkwürdige Tatsache antagonistischer Wirkungen zu erklären?

Wenn es sich nur um ein Enzym oder eine damit verwandte Substanz handelt, welche zwei entgegengesetzte Reaktionen beschleunigen kann, so wird die regulatorische Tätigkeit ohne weiteres verständlich. Sowie sich die Flüssigkeiten im ganzen Körper oder in einem Organ an irgendeiner Substanz, vermöge der Wirkung eines Fermentes, über ein gewisses Maß verändert haben, zwingen sie das Ferment, in der entgegengesetzten Richtung wirksam zu sein und dadurch die eigene Tätigkeit wieder rückgängig zu machen.

Es liegt auch der Gedanke nahe, bei der eigentlichen Antikörperbildung der Serumtherapie, welche den soeben erwähnten Erscheinungen nahe verwandt ist, diese selbe reversible Aktion eines Fermentes oder eines Toxins in Betracht zu ziehen. Eine Beobachtung, welche geeignet ist hier als Übergangsglied zu dienen, ist von Czapek mitgeteilt worden. Er fand, daß in ungereizten Wurzelspitzen die Homogentisinsäure, welche auch im tierischen Organismus bei der Alkaptonurie durch eine merkwürdige Umwandlung des Tyrosins entsteht, durch ein Enzym schnell oxydiert wird. Sobald aber die Wurzelspitzen geotropisch oder auch hydro- und phototropisch gereizt werden, wird die Oxydation der Homogentisinsäure verhindert, nach Czapek, weil ein Antienzym erzeugt wird, welches das Enzym bindet. Dasselbe ist nur bei nahe verwandten Pflanzen wirksam; ferner ist es temperaturempfindlich, so daß es gelingt, durch Temperaturerhöhung in der unwirksamen „Verbindung" das Antienzym zu zerstören und damit die Wirksamkeit des Enzyms wiederherzustellen. Diese Erscheinungen sind nun durchaus nichts Abnormes, sondern genau so verhalten sich eine Reihe von Enzymen und Toxinen, wenn sie in den Körper gelangen.

Wird einem Tiere Lab eingespritzt, so enthält

sein Serum Antilab, welches die koagulierende Wirkung des Labs aufhebt; genau so erzeugt Pepsin ein Antipepsin, Emulsin ein Antiemulsin, Diphtherie-, Tetanus-, Schlangengifte usw. ihre Antitoxine.

Genau so wie das Antienzym in den Wurzelspitzen durch Temperaturerhöhung zerstört wird, genau so wird nach Calmette aus der ungiftigen, in Wasser gelösten „Verbindung“ von Schlangenvenom und Antivenin durch Erhitzen eine giftige Lösung erhalten, genau so wird auch nach Wassermann die ungiftige Mischung des Giftes und des Antitoxins des Bacillus pyocyaneus durch Kochen giftig.

Analog dieser Zerstörung des Antikörpers durch Temperaturerhöhung kann derselbe häufig auch durch chemische Agentien entfernt werden. So wurde nach Danysz aus der ungiftigen Mischung von Ricin und Antiricin das letztere durch proteolytische Fermente zerstört, und endlich verwendete Craw das ungleiche Diffusionsvermögen von Toxin und Antitoxin zu deren Trennung. Er fand, daß aus unschädlichen Gemischen des Toxins vom Bacillus Megatherium und seines Antitoxins das Gift in die Gelatinehaut ging, während die übrige Flüssigkeit antitoxisch war.

Es entsteht nun die Frage: Ist es möglich, daß, trotzdem die hier angeführten Beobachtungen genau den Anschein erwecken, als ob zwei wohldefinierte

Körper, Toxin und Antitoxin, Enzym und Antienzym vorliegen, dennoch nur ein einziges Enzym, nur ein einziges Toxin tatsächlich vorhanden ist? — ein einziges Toxin, aber unter verschiedenen Verhältnissen, welche eine Umkehrung der Funktion des Toxins oder des Enzyms zur Folge haben. Man kann sich vorstellen, daß diese Umkehrung bei den Wurzelspitzen durch die Reizung derselben und die dadurch verursachte Konzentrationsänderung der Homogentisinsäurespaltungsprodukte stattfindet. Im Falle des Eindringens fremder, mehr oder weniger giftiger Substanzen in den Organismus würden dieselben spaltend auf irgendeinen, dem Organismus notwendigen Körper einwirken. Diese Spaltung trägt aber gleichzeitig das hemmende Moment in sich; denn die Anhäufung der Spaltungsprodukte bewirkt eine immer weitergehende Verlangsamung der Reaktion, bis schließlich eine vollständige Hemmung der Toxinwirkung eintritt. Wenn während dieser kritischen Zeit der Organismus nicht daran zugrunde gegangen ist, daß ihm durch die Wirkung einer beträchtlichen Toxinmenge zuviel von einer zum Leben notwendigen Substanz entzogen wurde, so hat er nicht nur alle Aussicht davonzukommen, sondern er besitzt vor andern Individuen den Vorzug, gegen die betreffende Krankheit mehr oder weniger immun zu sein, wenigstens in den Fällen, wo die Spaltungsprodukte, welche die Toxine hervorgerufen haben, sich im Körper unverändert zu halten vermögen. Nun sind die Menschen bekanntlich, um das gefährliche Experiment der Selbstimmunisierung zu umgehen, auf die ingeniöse Idee verfallen, Tiere zu dieser Antikörperbildung zu veranlassen und ihnen dieselben dann zu entziehen.

Wenn ein Toxin überhaupt auf das Tier einwirkt, so tut es dies meist so, daß es die nämlichen Substanzen angreift wie im menschlichen Körper und die nämlichen Spaltungsprodukte bildet wie dort. Das, was an der Sache gefährlich ist, die Zerstörung einer zum Leben notwendigen Substanz durch das betreffende Toxin, ist dem Tier aufgebürdet worden, aber in der Weise, daß man erst nur wenig Gift einwirken läßt; dann, nachdem der Körper sich erholt hat durch Regeneration der zerstörten Moleküle, wird eine zweite größere Dose eingespritzt, die nun der Organismus gut vertragen kann, da die Wirkung des Giftes durch die schon vorhandenen Spaltungsprodukte abgeschwächt wird und so fort. Der Mensch nimmt dann die so in großen Mengen angehäuften Spaltungsprodukte in Empfang und dadurch, daß er die Endprodukte oder das Endprodukt der betreffenden Reaktion von Anfang an zusetzt, verhindert er in seinem Körper die gleiche Spaltung oder kann sogar, wenn die Konzentration der Endprodukte ein bestimmtes Maß überschreitet, das Toxin zum Wiederaufbau der ungespaltenen Verbindung zwingen, wie es das Massenwirkungsgesetz verlangt:

$$\frac{C_1^{n_1} \cdot C_2^{n_2} \cdot \ldots}{C'_1{}^{n_1'} \cdot C'_2{}^{n_2'} \cdot \ldots} = K.$$

Hierin bedeuten die C die Konzentrationen der ungespaltenen, die C' die Konzentrationen der gespaltenen Molekülgattungen, die n und n' die Anzahl der betreffenden Moleküle; K bedeutet die Gleichgewichtskonstante.

Da sich K also nicht verändern darf, so bedingt dies, daß eine Zunahme der umgesetzten Molekülgattungen zugleich auch eine Zunahme der nicht umgesetzten bewirkt.

Während das Toxin für sich allein giftig wirkt, wie hier angenommen wurde durch Spaltung, wirkt dasselbe Toxin antitoxisch bei Gegenwart einer genügenden Menge der Produkte, die es erzeugt. Das Toxin beschleunigt je nach den Umständen die Zersetzung oder die Bildung einer Substanz, — je nach den Umständen fungiert es also als Toxin oder als Antitoxin, wenn man nicht vielmehr die Spaltungsprodukte selbst, die zu der Funktionsänderung Anlaß geben, als solches bezeichnen will.

Auf welchem Mechanismus hier die katalytische Beschleunigung beruht, kann natürlich auf keinen Fall eher angegeben werden, als bis die chemischen Reaktionen und die dabei beteiligten Produkte genau erforscht sind. Wahrscheinlich sind die sogenannten Antikörper, die Produkte, welche die Toxine erzeugen, in vielen Fällen Eiweiße, entstanden aus zusammengesetzten Proteiden, — Eiweißkörper vielleicht von der Art der Serum- und Eieralbumine oder Globuline. Der Gehalt normaler Sera an Albuminen und Globulinen steht vielleicht mit der antitoxischen Wirkung dieser Sera gegenüber Diphtherietoxin, Trypsin, Lab und vielen andern Substanzen in Beziehung. Ebensogut könnten aber noch einfachere, noch eiweißartige Spaltungsprodukte, Albumosen und Peptone, in Frage kommen. Die Größe des Diffusionsvermögens vermöchte vielleicht hier einigen Aufschluß zu geben. Auf alle Fälle spricht das langsame Diffusionsvermögen wenigstens qualitativ für eine eiweißartige Natur der Spaltungsprodukte, der sogenannten Antitoxine also, während die Toxine wie deren nächste Verwandte, die Enzyme, wahrscheinlich meist nicht mehr eiweißartig sind. Daher diffundieren dieselben auch viel rascher als ihre Spaltungsprodukte. Für die eiweißartige Natur der „Antitoxine“ spricht außer deren langsamem Diffusionsvermögen ferner die Zerstörung durch proteolytische Enzyme und durch Temperaturerhöhung.

Von diesem Standpunkt aus würde man das Zustandekommen und das merkwürdige Verhalten von ungiftigen Mischungen oder „Verbindungen“ von Toxin und „Antitoxin“ sehr gut verstehen können.

Wenn man, im Sinne der herrschenden Anschauung, eine Lösung vor sich hat, in welcher das „Antitoxin“ das Toxin gerade neutralisiert, so würde man unter dieser Neutralisation sich vorzustellen haben, daß in der Lösung soviel von dem Endprodukt jener Reaktion enthalten ist, die das Toxin in bestimmten Substanzen des Körpers hervorruft, daß die Reaktion vollständig gehemmt ist. Wird dann durch Hitzekoagulation, durch Einwirkung chemischer Agentien oder durch Diffusion dieses Endprodukt weggeschafft, so ist die Lösung natürlich wieder giftig.

Es gibt auch Fälle, wie bei Diphtherie- und Tetanusgift, wo umgekehrt das Toxin durch Hitze zerstört wird, nicht der Antikörper. Hier ist entweder das Toxin selber eine eiweißartige Substanz, wie beim Diphtheriegift, oder es liegt kein Eiweißkörper als Spaltungsprodukt vor, wie dies wahrscheinlich beim Tetanolysin der Fall ist, wo sich Cholesterin als ein starkes Gegengift bewährt hat.

Es scheint also jedenfalls möglich, auch unter Zuhilfenahme nur eines einzigen Toxins die Tatsachen zu interpretieren, und man geht vielen Schwierigkeiten und innern Widersprüchen aus dem Wege, die der Theorie anhaften, daß das Toxin ein Antitoxin erzeuge, durch welches es gebunden und unschädlich gemacht werde. In dieser Theorie der Antikörperbildung, wie sie allgemein angenommen wird, stecken eine Unzahl komplizierter, kaum miteinander zu vereinigender Vorstellungen, und ganz abgesehen davon, erwecken die Tatsachen hier durchaus nicht den Eindruck, als liege eine Neutralisation, eine Bindung vor. Wenn Toxin und Antitoxin eine regelrechte Verbindung bilden würden, so könnte man wohl begreifen, warum das Toxin durch das Antitoxin unschädlich gemacht wird, aber woher käme es dann, daß Temperaturerhöhung und proteolytische Enzyme die eine der ursprünglichen Komponenten ganz zerstören, die andre dagegen ganz unversehrt lassen, und vor allem, woher käme es, daß man die Komponenten einer solchen Verbindung durch Diffusion voneinander trennen kann? —

Dann ist es eben keine Verbindung, sondern eine Mischung, könnte man sagen. Dies würde allerdings die Trennungsmöglichkeit durch Diffusion sehr wohl erklären; aber woher käme in diesem Fall das Verschwinden der Giftigkeit, wenn die giftige Substanz nicht gebunden ist? —

Zwischen diesen beiden Extremen liegt die Annahme, daß es sich hier um partiell dissoziierte, d. h. um teilweise hydrolytisch gespaltene Verbindungen handelt. Mit dieser Hypothese, welche nach beiden Seiten Konzessionen macht, und die von Ehrlich und auch von Arrhenius vertreten wird, kann man sich hier in der Tat helfen. Aber es liegen noch andre, merkwürdigere Verhältnisse vor, z. B. das sogenannte Ehrlichsche Phänomen, wonach der erste Antitoxinzusatz eine größere Menge Toxin neutralisiert als der zweite und so fort jeder folgende Zusatz weniger als der vorhergehende.

Um dies zu erklären nimmt Ehrlich an, daß die Toxine Mischungen einer Anzahl Partialgifte von verschieden starker Affinität zum Antitoxin seien. Die Annahme, daß es sich nur um ein Toxin bei Gegenwart der von ihm erzeugten Reaktionsprodukte handelt, macht eine solche komplizierte Erklärung, die sich, wie Arrhenius gezeigt hat, sowieso nicht aufrechterhalten läßt, unnötig. Es ist einleuchtend, daß die hemmende Wirkung des Zusatzes der Endprodukte der Reaktion sukzessive um so weniger wirksam werden kann, je mehr man sich der Konzentrationsgrenze nähert, wo völlige Hemmung eintritt; denn je mehr man von dem Endprodukt der Reaktion zusetzt, desto größer wird auch die Konzentration der ursprünglichen, unzersetzten Molekülgattung, und wenn nun die Geschwindigkeit der Spaltung proportional dieser Konzentration ist, so müßte sich eine verlangsamte Hemmung der Giftwirkung mit wachsendem Zusatz der Spaltungsprodukte ergeben. Die Giftwirkung der Lösung zeigt also dabei eine scheinbare Vergrößerung.

Ferner hat Ehrlich eine andre eigentümliche Beobachtung gemacht, der die Seitenkettentheorie mit der bekannten toxophoren und haptophoren Gruppe unter anderm ihre Entstehung verdankt, die Beobachtung nämlich, daß Tetanolysin und Diphtherietoxinlösungen ihre Giftigkeit einbüßen können, ohne in demselben Maße oder sogar überhaupt nicht ihr Bindungsvermögen gegen Antitoxin zu verlieren. Auch dies läßt sich, ohne Seitenkettentheorie, einfach so deuten, daß die Toxine wie die Fermente und andre Katalysatoren nicht imstande sind, ein Gleichgewicht zu verschieben; sie beschleunigen nur seine Einstellung, je nach den Bedingungen, von der einen oder von der andern Seite. Hat man soviel Spaltungsprodukt zugesetzt, daß die Toxinwirkung aufhört, und erleidet nun diese neutrale Lösung eine Verschlechterung des Giftes, so wird dadurch die spaltungsbeschleunigende sowohl, als die synthesenbeschleunigende Wirkung des Toxins gleichstark herabgesetzt. Die Menge des Spaltungsproduktes, des „Antikörpers“ also, welcher durch das Toxin „neutralisiert“ wird, bleibt jedoch unverändert. Es wird nach wie vor gleichviel „gebunden“.

Ferner ist noch der merkwürdige Danysz-Effekt zu erwähnen, die eigentümliche, von Danysz gefundene Eigenschaft, daß z. B. Mischungen von Ricin und Antiricin weniger giftig sind, wenn man Ricin zum Antiricin auf einmal zugibt, statt fraktionsweise. Nach einiger Zeit jedoch ist die Toxizität der Lösungen in beiden Fällen die gleiche, was darauf hindeutet, daß es sich hier um ein Diffusionsphänomen handelt. Eine Neutralisation des Giftes kann offenbar erst dann vollständig sein, wenn sich das Spaltungsprodukt, das Antitoxin, welches sehr langsam diffundiert, gleichmäßig in der Lösung verteilt hat. Durch fraktionierten Zusatz wird die Diffusionszeit natürlich bedeutend verlängert und erst nach ca. sechs Stunden fanden Madsen und Arrhenius die normale Toxizität wie bei nicht fraktionierten Lösungen.

Dann ist weiter noch zu erwähnen, daß es Fälle gibt, wie z. B. bei dem Toxin der Wasserlanzenschlange, wo die Giftigkeit bei einer bestimmten Konzentration des Antikörpers ein Minimum aufweist, um dann bei fortgesetztem Zusatz von weiteren Mengen des Spaltungsproduktes wieder zuzunehmen, was darauf beruhen kann, daß eine allzugroße Anhäufung des letztern eine übermäßige synthetische Bildung der ursprünglichen Verbindung bewirkt, mehr als der Organismus normalerweise vertragen kann, und endlich ergibt sich die Spezifität der Antitoxine, die bemerkenswerte Tatsache, daß ein Antitoxin immer nur gerade das Toxin unschädlich macht, von welchem es erzeugt wird, als eine einfache Folgerung der Annahme, daß es die Spaltungsprodukte sind, die antitoxisch wirken, während gerade diese Eigenschaft sich von jedem andern Standpunkt aus durchaus mysteriös ausnimmt.

Soweit also würde die Ansicht eines einzigen Toxins aber von reversiblen Funktionen sich den Tatsachen gut anpassen; aber mit Rücksicht darauf, daß ich bisher nur durch die eben ausgeführte flüchtige Orientierung die Frage prüfen konnte, ob die Fülle der Erscheinungen in der Immunlehre mit der Umkehrbarkeit der Enzymwirkungen in Zusammenhang gebracht werden könnte, möchte ich meiner persönlichen Überzeugung, daß dies der Fall ist, nur mit allem Vorbehalt Ausdruck geben. Es ist ein so umfangreiches, kaum zu entwirrendes Material, was da auf diesem Gebiet durch die unermüdlichen Arbeiten von Ehrlich und seinen Schülern, von Bordet, Madsen und vielen andern und nach der theoretischen Seite hin in neuester Zeit von Arrhenius zutage gefördert wurde, und das Material ist so beschwert mit Hypothesen und Hypotheschen, die ohne Zusammenhang mit dem großen Ganzen für jede Kleinigkeit erfunden sind, daß man diese Frage nicht ohne jahrelange, jedes Detail prüfende Arbeit wird entscheiden können.

Druck von Metzger & Wittig in Leipzig.

FSC
www.fsc.org
MIX
Papier | Fördert gute Waldnutzung
FSC® C083411

Zeitfracht Medien GmbH
Ferdinand-Jühlke-Straße 7
99095 Erfurt, Deutschland
produktsicherheit@kolibri360.de